건강을 잃으면 모두를 잃습니다. 그럼에도 시간에 쫓기는 현대인들에게 건강은 중요하지만 지키기 어려운 것이 되어버렸습니다. 질 나쁜 식사와 불규칙한 생활습관, 나날이 더해가는 환경오염……. 게다가 막상 질병에 걸리면 병원을 찾는 것 외에는 도리가 없다고 생각해버리는 분들이 많습니다.

상표등록(제 40-0924657) 되어있는 〈내 몸을 살리는〉 시리즈는 의사와 약사, 다이어트 전문가, 대체의학 전문가 등 각계 건강 전문가들이 다양한 치료법과 식품들을 엄중히 선별해 그 효능 등을 입증하고, 이를 일상에 쉽게 적용할 수 있도록 핵심적 내용들만 선별해 집필하였습니다. 어렵게 읽는 건강 서적이 아닌, 누구나 편안하게 머리맡에 꽂아두고 읽을 수 있는 건강 백과 서적이 바로 여기에 있습니다.

흔히 건강관리도 노력이라고 합니다. 건강한 것을 가까이 할수록 몸도 마음도 건강해집니다. 〈내 몸을 살리는〉 시리즈는 여러분이 궁금해 하시는 다양한 분야의 건강 지식은 물론, 어엿한 상표등록브랜드로서 고유의 가치와 철저한 기본을 통해 여러분들에게 올바른 건강 정보를 전달해드릴 것을 약속합니다.

내 몸을 살리는
안티에이징

송봉준 지음

모아북스
MOABOOKS

저자 소개

송봉준 e-mail : twinf1@hanmail.net

약보다는 올바른 영양소 섭취를 통해 내 몸을 지킬 수 있다고 말하는 송봉준 박사는 현재 원광대학교생명공학과 교수이다. 경기대에서 이학석사와 원광대학교 약학대학에서 한약학을 전공했다. 임용 전 현대인들의 건강증진을 위해 종근당건강(주)연구소장, 동일(주)연구소장, 원광제약(주) 생약발효연구소장을 역임했다.

내 몸을 살리는 안티에이징

1판 1쇄 인쇄 | 2018년 06월 15일
1판 1쇄 발행 | 2018년 06월 22일

지은이 | 송봉준
발행인 | 이용길

발행처 | 모아북스 MOABOOKS
관리 | 양성인
디자인 | 이룸

출판등록번호 | 제 10-1857호
등록일자 | 1999. 11. 15
등록된 곳 | 경기도 고양시 일산동구 호수로(백석동) 358-25 동문타워 2차 519호
대표 전화 | 0505-627-9784
팩스 | 031-902-5236
홈페이지 | http://www.moabooks.com
이메일 | moabooks@hanmail.net
ISBN | 979-11-5849-070-6   03570

자연의 생명력이 질병을 예방한다

현대인들은 젊음을 유지하고 노화를 늦추기 위해 서양 의학과 의료기술의 힘에 의존하는 것을 기본 상식으로 알고 있는 경우가 많다. 그러나 진정한 건강한 삶은 특정한 시술이나 약품에서 오는 것은 아니다.

오랜 옛날부터 인류는 질병에 걸리거나 몸이 허약해졌을 때 자연에서 그 치료의 해답을 얻었다.

특히 주변에서 얻을 수 있는 식재료에서 찾았다. 지금처럼 서양의 과학기술과 의학적 기술이 발달하지 않았고 외과적 시술이나 화학적 요법, 인공 약품도 존재하지 않았던 시절에도 인간은 무병장수를 꿈꾸었고 주어진 환경에서 방법을 찾았다.

특히 자연에서 구한 식품, 약초 등을 이용해 질병을 물리치고 노화를 늦추었다. 그래서 자연에서 답을 구하고 좋은 식품에서 안티에이징의 비결을 찾는 자연치유는 어쩌면 오래 전부터 인간이 알고 있던 자연스럽게 존재했던 치료법이라고 할 수 있을 것이다.

안티에이징은 현대의 의학적 치유의 기본 모델

자연에서 얻은 다양한 식재료와 식물성 원료를 통한 질병 치유와 노화 방지의 역사는 동서고금 막론하고 오랜 세월 동안 꾸준히 이어져 왔다.

그리고 21세기에는 전 세계적인 열풍을 불러일으키며 건강산업의 중심이 되고 있다. 우리가 일상생활에서 흔히 접하는 다양한 슈퍼푸드의 뛰어난 효능이라든가 다양한 건강보조식품에 관심을 갖는 것도 궁극적으로는 자연에서 구하는 각종 천연식재료의 안티에이징 효과를 극대화시켜 활용하려는 노력이라 할 수 있다.

더구나 이제는 서양식 현대의학의 한계가 드러나고 있

고 서양의학계에서도 이를 인정하여 다양한 대체요법과 대안치료를 병원에서 함께 활용하고 있는 추세이다.

요즘에는 인간의 신체가 원래부터 가진 본연의 면역력을 되살리는 것, 그 사람이 원래 가지고 있던 기능을 활성화시켜 노화의 해법을 인체와 자연에서 찾고 치유력을 키워 질병을 물리치고 젊은 삶을 사는 것을 미래의 의학적 모델로 삼고 있다.

치유와 노화방지를 위해 음식을 바꿔라

건강하게 오래 사는 삶이란 그저 단순히 현대의학의 화학적, 물리적 시술과 치료법에서만 비롯되는 것은 아님을 이제 많은 사람들이 공감하고 있다.

여기에는 20세기 동안 크게 발전한 서양의학에만 무조건 의존하는 것이 한계를 드러내고 있다는 것을 반증한다. 서양의학과 의술의 발전은 많은 질병을 치료하고 생명을 구했지만, 한계 또한 가지고 있으며, 서양식 질병 모델에서만 치유의 해답을 구하는 것은 한계가 있다. 이 한계를 극복하고 안티에이징을 향한 궁극의 열쇠를 찾기 위한 것이 바로 천연적인 식재료와 식품을 통한 치유방법이다.

요즘 각광받고 있는 항산화 식품에 대한 관심은 바로 무병장수에 대한 관심과 열풍을 의미한다. 이 중심에 위치한 것이 바로 음식에서 해답을 찾는 것이다. 결국 먹는 것에 해답이 있고, 그 속에 건강한 중·노년의 해법이 있다.

20세기식 의학모델 시대는 지났다

인간의 몸을 공격하는 질병은 단순한 한두 가지 원인에서 오는 것은 아니다. 적절하지 못한 영양 섭취, 영양 불균형, 인체의 기능을 거스르는 생활습관과 스트레스, 수많은 오염원이 노화의 원인이다. 무엇보다 잘못된 음식을 잘못 섭취하는 것이 노화의 주범이라 할 수 있다. 다양한 원인들이 함께 어우러져 면역력이 떨어지고 인체 균형이 깨질 때 노화가 앞당겨진다. 노화가 앞당겨진다는 것은 건강한 중노년기를 보낼 수 없다는 것을 의미한다. 아무리 오래 살더라도 각종 질병에 시달리며 중년 이후의 삶을 보내는 것을 아무도 원하지 않을 것이다. 이미 면역체계가 무너진 상태에서 더 강한 항생제를 투여하거나 화학적, 물리적 시술을 가하려 하지만 이것은 치유의 길과는 오히려 거리가 멀다. 때로는 인체의 유지 시스템을 붕괴하게 만들기도 한다.

이렇게 한 번 무너진 인체 건강 시스템은 다시 정상화되기가 어렵다.

이 책은 21세기 현대인들이 가장 관심을 갖고 있는 건강의 화두인 안티에이징의 의미와 작용에 대해 구체적으로 다루고, 중요한 건강식품들의 의학적 가치와 특성들을 핵심적으로 정리하여 무병장수의 열쇠로서의 안티에이징 해법에 대해 제시하였다. 평상시 식습관을 돌아보고 조금만 건강에 대한 관심을 가진다면 누구나 생활 속에서 안티에이징 습관을 들일 수 있다. 더욱 활력 있고 젊은 삶을 위해 이 책이 좋은 안내서가 될 수 있을 것이다.

송봉준 박사

| 목차 |

1장 칼로리 영양학은 잊어라

1) 칼로리 조절만 하면 된다는 생각은 착각

현대인은 영양 과잉의 시대에 살고 있다!

그러나 영양과 열량 과잉에 사는 우리는 과연 건강한 삶을 살고 있는가?

흔히 영양이라고 하면 무조건 잘 먹어야 한다든가, 골고루 먹으면 된다든가 하는 생각만 하는 경우가 많다. 그리고 영양을 더 많이 보충하기 위해 더 많은 약을 먹고, 더 많은 보약이나 한약, 영양제를 먹는 데 집착하는 경우도 많다. 그러나 건강을 위해서는 영양을 어떻게 보충할 것인지에서 벗어나 지금 자신의 식생활이 어떻게 해서 노화를 촉진하고 있는지 원리를 돌아보아야 한다.

또한 특정한 약이나 영양제 자체가 곧바로 건강을 회복

시켜주는 것은 아니다. 한 가지 약을 먹더라도 무엇이 왜 어떻게 좋으며 내 몸에서 어떤 작용을 하는지에 대해 알아 두어야 할 것이다.

현대판 영양실조의 시대 영양에 대한 개념 필요

노화를 방지하고 더 오래 건강한 삶을 살기 위해 이제는 영양의 개념에 대해 다시 생각해야 할 필요성이 대두되고 있다.

우리는 칼로리는 넘쳐나지만 영양은 오히려 부족하거나 균형이 깨진 식습관에 너무나도 익숙해져 있다. 이것이 노화를 촉진하고 몸의 균형을 해친다. 영양 과잉이라는 말이 일상화되고 다이어트가 보통 사람들의 화두가 되었지만, 그렇다고 해서 정말 잘 먹고 있는가에 대해서는 의문을 제기할 필요가 있다. 이것이 백세시대에 오히려 노화를 앞당기고 있는 것일지도 모른다.

이미 한국인의 건강한 식생활은 많이 무너진 상태라 할

수 있다. 살 찔까봐 늘 걱정하는데 정작 필요한 영양분은 충분히 섭취하지 못하고 있다. 그 결과 남녀노소를 막론하고 몇 가지 질병이 없는 사람을 찾기 힘들 정도다. 먹을 것이 넘쳐나는 시대에 역설적으로 영양부족에 시달린다는 것. 그 대표적인 병폐가 칼로리에 집착하는 것이다.

칼로리 수치만 낮추면 음식조절을 할 수 있다고 착각하고 있지만 그것은 음식의 진정한 효능에 대해 잘 알지 못하고 지극히 한쪽 측면만 보고 있기 때문이다.

2) 전 세대에 걸친 영양 붕괴 현상

오래 지킨 습관이 노화의 원인일 수도 있다. 영양 불균형이 특히 중년층과 노년층에 더 문제가 되는 것은 오랜 세월 유지해온 식습관과 영양 상식이 오히려 건강을 해치고 있기 때문이다.

예를 들어 예전의 어르신들은 흰 쌀밥에 고깃국을 최고

의 영양 밥상인 줄 알고 살았다. 우리나라가 지금처럼 음식이 풍요로운 시대를 맞이하게 된 것은 알고 보면 그리 오래된 일이 아니다. 그래서 지금의 노년층은 굶주림과 궁핍의 기억을 여전히 가지고 있다. 그러다 보니 노년층의 대부분은 고열량 단백질과 정제된 탄수화물을 좋은 음식으로 인식한다. 그게 바로 고깃국과 쌀밥이라는 음식이다. 한편 젊은층은 어떨까?

어린이들과 젊은 세대는 태어나면서부터 일상생활에서 가공식품을 지나치게 많이 먹으며 살아온 세대이다. 매일 먹는 가공식품 속에 든 성분들의 정체에 대해 알기 전부터 그 맛에 입맛이 익숙해진 것이다. 잘못된 영양상식의 폐해는 20대 이후로는 음식의 종류나 성분과 질과 상관없이 다이어트와 몸매 관리를 위해 칼로리를 절대적으로 제한하거나 불균형한 다이어트를 하여 건강을 망치기도 한다. 과잉된 영양을 줄이기 위해 칼로리만 줄이면 되고 이를 위해 먹는 양만 줄이면 된다는 것을 상식처럼 알고 있지만, 이러한 다이어트 상식은 오히려 신체의 원활한 신진대사를 망가뜨리고 세포 노화를 앞당기고 있는 주범이 된다.

잘못된 식습관이 신체적 건강만 해치는 것은 아니다.

젊은 사람들도 분노가 많아지게 된 것은 현대인에게 익숙해진 식습관에 문제가 있었던 것은 아닌지 돌아보게 한다. 현대인의 삶 전체를 뒤흔들고 사회문제를 일으킬 수 있는 것에 식생활의 붕괴가 있지 않은지 생각해보아야 한다는 것이다.

영양소가 크게 손실되는 것도 문제이다. 게다가 첨가되는 합성 조미료는 자극적인 맛에 익숙하게 만들어 영양소가 풍부한 자연의 맛을 멀리하게 만든다.

(중략)

실제 한국인의 식습관은 적게 먹거나 먹지 말아야 할 음식을 많이 먹으며, 권장식품 섭취량은 적게 먹고 있는 상태다. 질병관리본부가 최근 공개한 '우리나라 성인에서 만성질환 질병부담에 기여하는 식품 및 영양소 섭취 현황 추이' 보고서에 따르면 견과류와 채소의 권장 섭취량은 기준에 미치지 못한 반면, 가당음료나 가공육의 섭취량은 기준치를 훨씬 넘어섰다.

의학전문가에 따르면 잘못된 식습관으로 인한 영양소의 부족은 면역력을 손상시키는 원인이 된다. 칼로리가 높은 반면 이를 정상적으로 대사하는데 필요한 영양소가 턱없이 부족하면 심근경색, 암, 당뇨병, 비만 등 각종 질환에 걸릴 위험도 높아진다.

리얼푸드 2018.01.22.

3) 과잉이 아니라 불균형이 노화를 앞당긴다

칼로리는 숫자에 불과하다

요즘 사람들은 천편일률적으로 칼로리 숫자만을 계산하여 줄이거나 안 먹으면 식습관을 조절할 수 있다고 착각한다. 가공식품을 일상적으로 먹으면서 칼로리만 줄이면 살이 빠진다고 하는 오늘날의 영양상식은 어쩌다 이렇게까지 깊숙이 자리 잡게 된 것일까?

하지만 음식의 영양과 영양섭취는 그렇게 간단한 숫자 계산으로만 이루어지지는 않는다. 같은 찌개라도 쇠고기 육수로 만든 국과 멸치 육수로 낸 국은 칼로리도 다르고 영양도 달라질 것이다. 또한 과일을 통해 섭취하는 당분과 과자로 섭취하는 당분은 질적으로 다를 수밖에 없다. 어떻게 보면 칼로리로 모든 음식을 천편일률적으로 줄 세우는 것만큼 무의미한 것도 없다.

더구나 인체는 저마다 각자의 기능이 다르다. 똑같은 음식을 똑같은 양만큼 먹더라도 인체 안에 들어가면 사람마다 모두 똑같은 열량을 내는 것은 아니다. 그 사람의 호르몬 분비량, 활성산소 소모능력, 혈액순환 능력, 에너지 대사 기능이 저마다 다르다.

이는 곧 같은 음식을 먹어도 몸속에서 얼마만큼의 열량을 소모시키고 활용하는지는 사람마다 다 다르다는 얘기다.

건강식품도 알고 먹어야 약이다

최근 많은 건강 전문가들도 음식을 먹을 때, 혹은 음식을 조절할 때 칼로리에만 치중해서 음식 섭취를 제한하거나 다이어트 계획을 세우는 것이 오히려 노화를 촉진시키고 건강 균형을 해친다고 말한다.

이것을 거꾸로 이야기하면 잘 먹는 것뿐만 아니라 '제대로' 먹는 방법을 알아야 진정한 안티에이징의 식습관을 길들일 수 있다는 이야기이다. 그리고 인간의 몸에 생리적으로 맞지 않은 먹거리를 가급적 줄이고 몸이 진짜 원하는 음식을 제대로 섭취해야 한다는 것이다.

인간의 생로병사는 지속적인 끊임없는 생명 유지 장치의 시스템이다. 아침에 일어난 순간부터 잠들고 나서까지 하루 종일 인간의 몸을 질병으로부터 지키고 인간의 몸을 성장하게 하고 움직이게 만들고 살아남게 하고 후대의 자손을 퍼트리는 그 모든 생명유지 현상들을 위해 필수적인 동력이 바로 제대로 된 영양소 섭취이다. 바로 이 영양소의 질과 종류에 따라 늙음이 앞당겨지기도 하고, 반대로 노화를 지연시켜 안티에이징을 이루기도 한다. 음식이 질병의 원인을 만들기도 하고 질병을 물리치게 하기도 한다.

4) 음식을 바꾸면 남은 삶이 달라진다

영양 불균형이 노화를 만든다

그러나 실제 현실에서는 음식의 폐해에서 벗어나지 못해

질병과 노화에 시달리는 이들이 너무나 많다. 그 증거가 현대인들의 질병 패턴이다.

대표적인 예로 어린 아이들 중 알러지에 시달리는 경우가 너무나도 많아졌다.

현대인이 비정상적으로 알러지 증상에 시달리는 것은 전반적인 면역체계가 무너졌다는 것이고, 이는 가장 기본적인 먹거리와 환경에 문제가 있다는 뜻이다.

또한 젊은층과 중·노년층을 막론하고 많은 사람들이 만성적인 면역질환, 불면증, 각종 위장질환을 일상적으로 달고 산다. 조금만 나이가 들면 암이나 각종 난치병에 걸리며, 전염성이 강하고 약이 듣지 않는 돌연변이형 바이러스 질환들이 계속해서 새로 생겨난다.

영양은 넘쳐나지만 영양 균형은 깨진 채 음식을 먹는 데서 질병과 노화의 원인을 찾는 데에 많은 전문가들이 동의하고 있다. 수명 자체는 과거와 비교할 수 없을 정도로 길어졌지만 '건강한 삶으로서의 수명'은 길어졌다고 보기는 어려울 것이다.

요즘 사람들은 주로 가공음식, 정제된 곡식, 육류 위주의 식사를 일상적으로 한다. 그러나 이러한 식습관으로는 절대로 균형 잡힌 제대로 된 영양을 섭취할 수 없다. 도정하지 않은 곡식, 제철 과일과 채소, 오염되지 않은 해조류를 적절하게 섭취해야만 비타민과 미네랄을 포함한 필수 영양소를 고루 섭취할 수 있다.

제대로 된 영양소를 섭취하는 것만으로도 안티에이징의 해법을 모두 아는 것이나 다름없다. 식습관을 바꾸지 않는 한 만성적 영양 불균형이 지속되어 이른 나이부터 병든 노년기로 살 수밖에 없다.

많이 섭취하는 것보다 제대로 섭취하는 게 중요하다

충분히 잘 먹고 많이 먹고 지나치게 먹는 것 같지만 정작 건강하지 못한 사람들이 너무나 많다는 현상, 또 아무리 잘 먹어도 항상 피곤하거나 특정 질환에 시달리는 사람들이 많은 것, 이 모든 현상들이 식습관과 영양소의 근본적인 것을 바꾸어야 한다고 한다.

그만큼 요즘 사람들은 에너지 자체는 과잉이지만 비타민, 미네랄 같은 영양소는 만성적으로 결핍되어 있다는 것을 보여준다. 자연적 식사와 천연 그대로의 음식을 멀리하고 노화를 앞당기는 인공적인 물질이 들어간 음식에 심각하게 중독된 것도 문제다.

칼로리 과잉 자체에서만 문제를 찾는 데서 한 발 더 나아가야 한다. 정제된 음식, 화학성분이 들어간 가공음식, 지나친 육식 위주의 식생활로는 아무리 칼로리를 조절하거나 영양제를 먹는다 해도 건강과 안티에이징의 해법을 찾을 수 없다.

건강을 유지하고 노화를 늦추려면 제대로 된 영양소를 섭취하고 있는지, 그리고 그 영양소가 제 역할을 다 하고 있는지를 알아보아야 한다.

내 몸의 질병과 노화를 앞당기는
주범은?

1) 건강의 비결은 항산화작용에 있다

현대의학이 항산화에서 노화의 해법을 찾고 있다

무병장수는 인간의 오랜 꿈이었다. 이는 문명이 발달하기 이전부터 생겨난 자연스러운 욕망이었고, 생존본능의 중요한 부분이었다. 진시황이 불로초를 찾아 헤맸던 것은 인간이 공통적으로 어떤 바램을 가지고 있느냐를 보여주는 일화일 뿐이다.

그런데 이제 오늘날의 현대의학은 인간의 노화의 원인을 규명해내고 그 해법을 찾는 방향으로 발전하고 있다.

여기에서 가장 중요하게 다루어지는 것이 활성산소이다.

의학이 활성산소의 정체와 작용을 명확히 밝혀낸 것은 노화의 해법을 찾는 데 있어 엄청난 전환점이자 혁명이 되었다. 활성산소를 줄이는 항산화작용에서 다양한 질병을 고치고 노화를 방지하고 젊게 살 수 있는 청춘과 건강의 비결을 찾을 수 있는 열쇠를 찾아내고 있기 때문이다.

의학연구결과에 의하면 노화의 시작은 세포 노화이고, 세포 노화가 각종 질병의 원인이라 해도 과언이 아니다. 각종 질병은 세포 노화와 관련이 있다. 그 중에서도 활성산소가 우리 세포의 노화에 미치는 영향은 지대하다.

질병과 노화의 시작은 어디에서?

1991년 존스홉킨스 대학에서는 '이 지구상의 인류가 앓고 있는 질병은 3만6천 가지가 있는데 이 질병의 모든 원인이 활성산소이다' 라고 발표한 바 있다.

이후 세계 의학계는 활성산소의 연구에 매진했고 결국 항산화에 대한 새로운 결과들을 내놓을 수 있었다.

그렇다면 요즘 너무나도 흔히 이야기되는 활성산소, 그리고 항산화물질과 항산화작용의 정확한 개념은 무엇일까? 이는 다음과 같다.

여기서 잠깐 활성산소란 무엇?

자동차가 완전 연소되지 않는 배기가스를 배출하듯이 우리 몸에도 호흡하는 과정에서 우리 몸속으로 들어온 산소가 완전 연소하지 못하고 불완전 연소되는 부분이 있다. 그런데 이렇게 발생하는 활성산소는 요즘의 환경오염, 화학물질, 질병, 스트레스 등으로 과잉 생산된다.

마치 사과 껍질을 벗기면 과육이 산소와 만나 변색하거나 철이 녹스는 것처럼 인간의 몸도 산화가 되고 이것이 질병의 근원이 된다. 과잉 생산된 활성산소는 세포에 산화를 일으킨다. 그 결과 세포막, DNA, 세포 구조가 손상되고 세포가 기능을 잃거나 변형된다. 또한 여러 아미노산을 산화시켜 단백질 기능이 저하되고, 핵산을 손상시켜 염기의 변형을 일으키며, 당의 산화분해 등을 일으켜 돌연변이나 암의 원인이 된다. 그 결과 생리적 기능을 저하시켜 각종 노화의 원인이 된다.

항산화 물질이란 무엇?

산화(酸化)를 방지하는 물질을 말한다.

이는 각종 질환에 활성산소가 관여한다는 것이 알려져 주목을 받기 시작했다.

식품 중에는 폴리페놀, 비타민 C, 비타민 E, 베타카로틴 등이 있는데, 경구적 섭취로 효과를 볼 수 있다는 논의가 있다.

동맥경화나 뇌·심장혈관계 장애, 노화나 발암에 활성산소가 관여한다는 사실이 밝혀져, 기존의 산화방지제 외에 경구적으로 섭취하는 항산화물질의 효과·효능 등이 최근 주목을 받고 있다.

식품 중에는 항산화 기능을 갖고 있는 여러 가지 물질이 포함되어 있다. 수산기(水酸基)를 2개 이상 갖고 있는 물질인 폴리페놀(polyphenol) 화합물도 그 중 하나이다.

비타민 C, 비타민 E, 베타카로틴 등은 항산화 기능을 갖고 있어 항산화성 비타민이라고 한다.

그러나 인체에는 활성산소를 제거하도록 된 복잡한 구조가 갖추어져 있다.

따라서 이런 생체 구조들과의 관계와 더불어 경구적으로 섭취하는 항산화물질의 유효성에 대해서는 앞으로 많은 연구가 필요하다.

또한 과다 섭취된 항산화물질은 그 종류에 따라서는 인체에 유해 무익한 것이 될 수도 있으므로, 이의 섭취에는 신중한 검토가 필요하다.

여기서 잠깐 항산화 작용이란 무엇?

산화를 억제하는 작용을 말한다.

물이나 공기 중 산소에 의한 식품의 산화에는 특히 불포화지방산을 함유하는 산화와 변질, 열화가 문제가 되나 항산화작용이 강한 차의 카테킨류나 비타민E를 첨가함으로써 그 산화가 억제된다.

한편 활성산소에 의한 생체지질의 산화에서는 생체막 인지질(불포화지방산 포함) 이외에 단백질(여러 효소를 포함)이나 유전의 정보를 담당하는 DNA의 손상 등이 관련하여 나아가서 간 장해나 순환기계 질환 혹은 암 등의 질병 그리고 노화를 유도하는 것으로 생각하고 있다.

2) 노화의 주범, 활성산소에서 찾다

지금 이 순간에도 세포는 산화되어 늙고 있다

위와 같은 정의에서 알 수 있듯이 현대의학은 항산화물질과 항산화작용에서 노화방지와 건강의 열쇠를 찾는 연구를 지속하고 있는 한편, 식품을 통해 섭취하는 항산화물질의 역할과 한계에 대해서도 주의를 요하고 있다.

이는 결국 평소 올바른 생활습관 건강한 식단이 얼마나 중요한 것인가를 보여준다. 어떤 경우에도 음식을 통한 건강관리는 젊음과 활력유지에 중요한 역할을 하고 있다는 것을 알 수 있다.

산소는 지구상 모든 생명체의 생명유지에 필수적인 성분이다. 그러나 산소가 활성산소로 바뀌고 나면 독소로 작용하여 인체에 해를 끼치게 된다.

활성산소는 안정적인 산소가 불안정한 상태로 변한 것이기 때문에 본래의 안정성을 회복하려는 성질을 갖게 된다.

이 과정에서 세포를 손상시키는 것이 바로 활성산소의 독성의 원리라 할 수 있다.

우리 몸을 구성하는 가장 기본적인 단위인 세포는 DNA를 손상시키므로 각 기관의 기능이 저하되고, 노화가 촉진되고, 혈액순환에 문제가 생긴다.

혈관 세포막을 손상시키고 불포화지방산을 이물질로 만들어 혈액에 찌꺼기를 만들게 되므로 고혈압이나 동맥경화, 뇌졸중을 일으키는 원인이 되고, 세포에 문제가 생기므로 암세포가 생기기 쉬운 환경을 만들게 된다.

항산화로 세포 파괴를 막아라

문제는 환경오염이 광범위하게 일어날수록 인간의 몸은 활성산소의 공격에서 자유롭지 못하다는 점이다. 왜냐하면 도시에 사는 현대인은 오염과 공해, 화학물질, 스트레스 속에 살고 있기 때문이다.

최근 심해진 미세먼지, 대기오염, 자동차 배기가스량, 먹거리에 들어 있는 항생제와 농약 등은 인체 내부에 활성산소를 많이 발생시키는 주요 원인들이다. 각종 화학물질과 방부제와 식품첨가제가 들어있는 식품들도 활성산소를 만들어낸다. 과식, 폭식, 야식 등 잘못된 식습관과 각종 가공음식은 활성산소를 만드는 주범이다.

따라서 활성산소를 줄이고, 활성산소가 많이 발생되지 않는 환경을 조성하는 것이 건강관리와 안티에이징의 기본 수칙으로 알려지게 되었다. 가공을 많이 한 식품보다는 자연 그대로의 식품을 적절히 섭취하는 것이 가장 중요한 노화방지 이다.

즉 안티에이징에 조금이라도 관심이 있다면 몸속 활성산소를 줄이는 것이 관건이며 인체 내에는 환경 적응 유전자에 입력된 방어 시스템인 활성산소, 과산화지질 등을 제거해주는 물질이 있다. 체내 존재하는 항산화물질의 일정량은 체내에서 생성되고, 일정량은 음식물의 섭취를 통해 충족된다.

이때 적정량의 항산화식품을 삽취하면 체내 부족한 항산

화 물질을 보충하여 세포 손상을 막고 노화를 지연하는 효과를 거둘 수 있다. 즉 항산화 작용을 충분히 이해하고 이를 잘 활용하기만 한다면 세포 노화를 상당 부분 방지할 수 있다는 것이다.

이거 알아요?

활성산소와 질병 연구

-1956년 미국 하먼 교수 : 암과 현대병이 활성산소와 관련 있다고 발표

-1980년 미국 돗더 교수 : 암의 원인이 활성산소에 있다고 발표

-1980년 미국 와이즈만 박사 : 활성산소의 발암성 증명-
1980년 암에 대한 활성산소 이론이 주목되면서 활성산소가 세포 파괴, 혈관장애, 심장병, 뇌질환, 암의 주된 원인 된다고 밝혀짐.

-1995년 일본 암 학회에서 활성산소가 발암에 밀접하게 관련되어 있음을 증명함.

- 최근 연구 결과에 의하면 현대인 질병 중 약 90%가 활성

산소와 관련이 있다고 한다. 관련 질병에는 암, 동맥경화증, 당뇨병, 뇌졸중, 심근경색증, 간염, 신장염, 아토피 등이 있다.

여기서 잠깐 활성산소 발생원인

1. 내인성 발생요인: 인체의 호흡과정이나 음식물 대사과정을 통해 일정량의 활성산소가 필연적으로 발생한다. 그런데 과식이나 불규칙한 식사습관, 화학조미료가 첨가된 음식을 섭취하는 경우 무리한 소화과정과 대사작용이 유발되어 활성산소가 원래보다 더 많이 발생할 수 있다.

2. 외인성 발생요인: 자동차 매연에서 발생하는 배기가스나 담배연기, 미세먼지, 공장 매연 등은 활성산소의 축적을 활성화시킨다. 또한 식품 중에서 다양한 가공식품에 포함된 화학물질들, 그리고 스트레스를 받을 때 몸속에서 생성되는 스트레스, 호르몬 등도 활성산소의 발생률을 높인다.

3) 노화를 앞당기는 대표적인 요인들

노화를 촉진하고 안티에이징을 방해하는 요인

사람은 나이가 들수록 활력이 떨어지고 신체기능이 저하된다. 그러나 단지 나이가 들었기 때문에 이러한 현상을 당연시해서는 안 된다. 활성산소와 독소로 노화가 비정상적으로 가속화된 현상이기 때문이다.

지나친 활성산소가 발생하면 동맥경화, 심근경색, 당뇨 등을 불러온다. 활성산소는 동물과 식물의 체내에서 원래부터 발생하는 자연스러운 물질이다. 적정량이 생성되어야 체내에 침입하는 세균이나 바이러스 등을 없앨 수 있기 때문에 활성산소 자체가 무조건 나쁜 것은 아니다.

문제는 과잉 발생이다.

유해한 환경과 잘못된 음식섭취로 활성산소가 과잉 발생되면 인체 세포를 공격해 여러 질병의 원인이 되며 궁극적으로 빠른 노화를 불러온다. 이러한 활성산소 유해성을 막

으려면 일단 원인부터 알아야 하는데, 활성산소를 과잉 발생시키는 원인에는 다음과 같은 요인들이 대표적이다.

음식 속 식품첨가물

노화를 앞당기는 가장 치명적이고 직접적인 주범은 음식에서 비롯된다. 그중에서도 각종 화학물질과 식품첨가물은 현대인의 각종 질병을 유발시키는 핵심적인 노화 요소다.

식품위생법(보건복지부 규정)에서 정의하는 식품첨가물의 정의는 '식품을 제조, 가공, 보존함에 있어 식품에 첨가, 혼합, 침윤, 기타의 방법으로 사용되는 물질'이다.

여기에는 화학첨가물 431종, 천연첨가물 204종, 혼합제제류 7종 등이 있다.

현대인은 날마다 수십 내지 수백 가지의 식품첨가물을 섭취하며 살고 있다고 해도 과언이 아니다. 무엇을 먹더라도 독소 섭취에서 자유로울 수 없는 것이다.

예를 들어 한국인이 일상적으로 흔히 먹는 라면도 식품

첨가물 범벅이다. 라면 속에 든 여러 첨가물 중에서 L-글루타민산나트륨은 장기간 섭취했을 시 뇌세포를 손상시키는 치명적인 독성 성분이다.

스트레스

노화를 앞당기는 또 다른 주요 원인은 신체적, 심리적 스트레스이다. 우리 몸은 극심한 스트레스를 받으면 스스로를 지키기 위해 스트레스 관련 호르몬들이 활발히 분비된다. 염증을 줄이기 위해 스테로이드 농도가 급격하게 올라가고, 각종 스트레스 호르몬들이 분비되며 상호작용을 시작한다.

이러한 호르몬 작용으로 인해 우리 몸은 위험상황에서 스스로를 지키고 대비할 수 있게 된다. 문제는 이런 스트레스 요인이 장기화, 만성화됐을 때다. 스트레스가 과잉되면 스테로이드를 만들어내는 부신이라는 호르몬 기관이 피로해진다. 부신이 피로해지면 스테로이드 호르몬이 제대로 생성되기 어려워지고, 그러면 스트레스를 받거나 염증이 생겼을 때 자가치유를 하기 어려워진다. 그 결과 면역력이 떨어지고 염증이 오래 오래 간다. 세포와 기관의 염증이 만성화되면 결국 혈관부터 노화가 가속된다.

스트레스를 받아 노화가 촉진될 때 인체 신경과 호르몬계가 즉각적으로 작동하여 민감해지며 여기에 많은 에너지가 필요해진다. 그 결과 인체는 엔진이 과열되는 것처럼 가동력이 지나치게 높아지고 활성산소가 너무 많이 발생하여 노화가 진행된다.

 가공음식에 함유되어 있는 노화촉진 물질

- 산화방지제 (지방 성분의 산화를 막음)

- 합성향신료, 합성착향료 (가공식품의 향을 강화)

- 합성감미료 (설탕보다 몇 백 배 단 맛을 냄)

- 식품착색료 (가공식품에 먹음직스러운 색을 가미)

- 합성발색제 (육가공품 등에 자연스러운 색을 냄)

- 방부제 (식품의 부패를 방지)

과잉 축적된 독소

체내에 과잉 생성된 독소는 활성산소를 포함하는 보다 더 광범위한 개념이다. 독소는 그야말로 바로 만병의 씨앗이자 질병과 노화의 근원이다. 배출되지 못한 다양한 독소가 제일 먼저 세포와 장기를 손상시킨다. 망가진 세포의 재생능력이 떨어지고 각 장기의 기능이 떨어지다 보면 우리 몸의 본연의 해독 시스템은 원래대로의 작용을 잘 하지 못한다. 독소를 자연스럽게 분해하거나 배출하지 못하고 면역 시스템에 제대로 작동하지 못한다. 그 결과 만성피로가 지속되거나 수면장애를 겪고 질병에 잘 걸리는 몸이 되고, 이 모든 것들이 합쳐져 노화의 주된 원인이 된다.

잘못된 식습관

음식물을 섭취하면 기본적으로 소화 과정에서 활성산소가 생긴다. 문제는 잘못된 식습관이나 불규칙한 식습관, 과식, 폭식, 과음 등으로 인한 것이다. 이러한 식사습관은 활성산소와 독소의 과잉 생성을 일으킨다. 일단 지나치게 혹은 과도하게 많이 들어온 칼로리를 분해하고 보관하기 위해 더 많은 산소가 비정상적으로 쓰이기 때문에 그만큼 우리 몸은 무리하게 되고 그 결과 세포가 더 빨리 닳는 노화과정이 가속된다.

면 특히 뇌세포에 해독을 미칠 수 있다. 심장 혈관이나 뇌 혈관이 막힌 후 갑자기 막힌 부위를 뚫리게 하여 혈류 순환을 증가시키면 산소가 부족한 부위에 손상이 증가할 수 있다.

이 모든 독작용은 대사 중에 생성된 유리(활성)산소기(프리 래디컬, free radical) 때문에 생기는 것으로 알려 지고 있다.

이 유리산소기는 우리 조직세포의 독이라고 말할 수 있다. 이 유리산소기가 과도하게 발생함으로써 조직세포가 늙어가게 되고, 암이 생기며, 각종 퇴행성 질환이 생긴다는 주장이 설득력 있게 받아 들여지고 있다.

이 유리산소기의 생성을 억제하는 물질을 항산화 물질이라고 부르고 있으며, 멜라토닌과 비타민 A(베타카로틴), C, E가 대표적인 항산화제로 알려지고 있다. 비타민 A, C, E를 합쳐 ACE 비타민이라고도 한다.

비타민 A, C, E를 비롯한 항산화 물질들의 효과

시험관에서의 연구 결과들은 비타민 A.C.E가 유용한 노화 억제제가 될 가능성을 강하게 시사해주고 있다. 최근 바나나, 망고, 황도, 단호박 등의 옐로푸드 속에 많이 들어 있는 베타카로틴과 비타민 A가 면역과정을 높여 주는 것으로도 보고 되고 있다. 베타카로틴은 자체로도 면역력을 높여주지만 비타민 A가 부족할 때는 비타민 A로 전환해서 작용하는 것으로 알려지고 있다.

최근 미국 텍사스 대학에서의 연구보고는 음식에서 비타민C나 베타카로틴(비타민 A)을 많이 섭취하는 중년 남자들은 섭취량이 적은 사람보다 사망률이 낮다고 보고하였다. 이 연구에서는 1950년대 후반 전기회사에 근무하는 40~55세 사이의 남성 1566명에게 식사 및 건강에 관련된 사항들을 질문하였다.

그 후 24년간 베타카로틴 및 비타민C와 E의 함량이 높은 음식을 섭취한 남성은 동종의 음식 섭취량이 낮은 남성에 비해 암으로 인한 사망률은 37%, 관상동맥 질환에 의한 사망률은 30% 정도 낮았다고 보고하였다. 다른 대규모 조사에서는 여성들도 베타카로틴 복용이 심혈관 질환 예방에 효과가 있음을 밝히고 있다.

이 조사에서 건강에 좋은 식사를 하고 있던 남성의 매일 비타민C 섭취량은 권장량의 두 배 정도인 138 mg 이었고 베타카로틴 섭취량은 5.3 mg이었다. 이런 조사결과에 대해 미국 심장협회 영양위원회 위원장인 버클리 대학의 크라우스

(Krause) 소장은 과일이나 야채의 섭취와 심질환 및 암과의 관련성을 조사한 지금까지의 여러 연구 결과와 일치하며 항산화물은 약으로보다는 음식에서 섭취하는 것이 좋다고 이야기 하였다.

건강에 좋은 비타민도 적정 권장량을 먹는 것이 좋아

그러나 최근 비타민C 가 백혈병 치료제 글리백을 포함한 각종 항암제의 효과를 30~70% 떨어뜨린다는 연구결과를 미국 스론케터링 암센터에서 보고 하였다. 비타민C 를 너무 많이 섭취하면 항산화 효과가 나오지 않고 오히려 자유산소기 생성을 증가시킬 수도 있음이 보고되었다. 그동안 항산화 작용을 가진 비타민C 와 E 는 암 예방에 도움이 된다고 알려져 왔다.

그러나 미국 브리검 여성 병원의 가지아노(Gaziano)교수가 14,641명의 미국 남성의사를 대상으로 10년간 추적 조사한 결과 비타민C, E를 오래 복용해도 각종 암(전립선암, 대장암, 폐암, 방광암, 췌장암등)의 위험은 줄어들지 않는다고 올해 초에 미국의사협회지(JAMA)에 보고하였다.

비타민C를 장기간 복용하면 염증성 다발성 관절염을 예

방하는데 효과적일 수 있음을 영국맨체스터대학의 연구진들이 "류머티스질환 회보"에 보고하였다.

이에 반해서 미국 듀크대학의 클라우스(Kraus)교수팀들은 "관절염과 류머티즘지"에 고용량의 비타민C를 장기간에 걸쳐 과량 복용하면 오히려 골관절염을 악화시킬 수 있음을 보고하였다.

(중략)

현재 우리나라에서 비타민C를 1g이상(레몬을 30개 이상 먹어야 섭취되는 과도한 양)의 과용량을 매일 섭취하는 사람들이 늘고 있는데 과연 우리 건강에 좋은 것인지는 아직 증명되고 있지 못하다. 확실한 효과가 인정될 때까지는 국제적으로 공인된 권장량을 먹는 것이 건강에 좋다. 최근 여러 가지 가능한 부작용도 보고되고 있기 때문에 국제적으로 공인된 권장량을 즐겁게 섭취하는 것이 좋을 것이다.

딸기, 포도, 사과 등에는 항산화물질인 폴리페놀이 풍부

최근 연구결과에서는 항산화 비타민류 이외 과일(사과, 복

숭아 등)에 들어있는 폴리페놀 등의 항산화물질이 알려진 것보다 최고 5배 정도 많다는 사실이 보고되고 있다. 폴리페놀은 녹차, 은행잎 등에도 많이 들어 있다. 따라서 우리들은 치매와 같은 뇌질환이나 암, 심혈관 질환에 걸리지 않고 오랫동안 무병장수하기 위해서는 신선한 공기 속에서 즐겁게 영양 불균형이 초래되지 않도록 조심하면서 베타카로틴이나 비타민C 나 E 그리고 폴리페놀 등이 함유되어 있는 야채나 과일 섭취를 균형 있게 하는 것이 건강에 좋다.

(출처: 뇌에 좋은 음식과 성분)

3장 내 몸을 살리는 안티에이징 건강법

1) 달라지고 있는 노화와 질병의 개념

노화와 질병의 종류와 개념도 시대에 따라 달라지고 있다. 의료기술이 발달하기 전에는 사소한 세균이나 감염에도 죽음에 이르는 것이 흔했다.

먹을 것이 풍부하지 않았을 때는 실질적인 열량 부족이 질병과 죽음의 직접적 원인이 되었다. 질병에 대항할 수 있는 기본적인 면역력을 갖추는 것조차 어려웠다. 그 결과 40세 정도가 평균 수명이던 시절도 있었다.

20세기 이전까지 인류에게 있어 죽음의 직접적인 원인이었던 세균과 바이러스 등은 현대의학의 발전과 함께 항생제와 약물이 개발되면서 상당 부분 해소되었다. 의학의 발전으로 치명적인 질병을 수술이나 약물로 고칠 수도 있게 되었다. 그리고 인간은 훨씬 더 건강한 삶과 길어진 수명을 누릴 수 있었다.

그러나 현대의학이 이만큼 발달한 이후에도 무병장수의 해법이 다 풀린 것은 아니다. 왜냐하면 여전히 많은 질병이 인간을 공격하고 있을 뿐만 아니라, 과거와는 완전히 다른 형태의 질병들에 의해 노화가 촉진되고 건강한 삶이 저해 받고 있기 때문이다.

건강하지 않게 오래 사는 문제

예전에 인간의 수명을 앞당기던 질병의 주된 원인이 외부적인 요인, 예를 들어 세균 감염이나 바이러스성이 었다면 현대인의 수명을 단축시키는 질병은 공통적인 특성이 있다.

그것은 바로 만성적이고, 대사질환과 관련이 있고, 식습관과 밀접한 연관이 있고, 인체 면역 체계의 붕괴에서 기인하는 질병이 많다는 점이다. 여기에는 항생제를 너무 남용한 결과 야기된 면역체계 파괴, 그리고 약물에 내성이 강해진 돌연변이와 바이러스들의 끊임없는 생성 현상들이다. 이러한 환경은 조기 노화를 촉진하는 요소들이다.

그 결과 현대인을 괴롭히는 질병은 급성질환보다 만성질환인 경우가 많다. 의학이 발전해 평균수명은 길어졌지만 길어진 수명 동안 만성적인 질병들에 시달린 채 오래 사는 것이다. 이것은 삶의 질을 오히려 저하시키는 원인이다.

인간이 진정 원하는 것은 그저 오래 사는 것이 아니라 하루를 더 살더라도 건강하게 질 좋게 사는 것이다. 인체는 원래의 기능을 다 하며 건강을 누리며 질 좋은 삶을 사는 것이며 그러한 상태로 긴 수명을 누리는 것은 21세기 이후의 인류의 의학적 과제라 할 수 있다.

식품에서 찾는 노화의 해법

그래서 요즘 사람들은 '어떻게 하면 오래 사는가?'에 관심이 있는 것이 아니라 '어떻게 하면 건강하게 오래 사는

가?'에 지대한 관심을 갖고 있다. 그리고 이제는 더 이상 항생제에서 벗어나 건강한 환경과 제대로 된 음식을 통해 치유력을 되살리고 자연 상태의 몸으로 되돌아가는 것에서 건강의 비결을 찾는 사람들이 많아졌다.

병을 치료한다는 개념도 겉으로 발현된 증상들을 약과 시술을 통해 일시적으로 억제하는 것이 아니라 몸의 면역력과 치유력을 되살려야 한다는 개념으로 받아들이게 되었다. 여기에는 서양의학에서 그동안 중시했던 약물치료나 시술에서 그 방향을 전환한 것이다.

증상을 없애는 것이 아니라 바람직한 생활습관과 식습관과 환경 변화를 통해 인체의 치유기능을 살려야 치유에 이를 수 있다는 인식이 퍼지고 있다. 항생제나 화학요법, 인위적인 약물만으로 건강을 유지하고 질 좋은 삶을 살 수 있는 것이 아니라는 것이다.

이러한 일시적인 억제요법이나 제거요법은 오히려 만성질환을 불러일으키고 몸의 자가치유력도 해치는 경우가 많다는 연구결과들이 충분히 쌓여왔다. 각종 심혈관계 질환,

고혈압, 당뇨, 암 등도 어떤 측면에서 보면 잘못된 식습관에서 그 근본 원인을 찾을 수 있고, 생활환경의 자연스러움이 무너진 데서 질병과 노화의 근원을 찾을 수 있다.

따라서 이제는 건강의 근본 개념에 대해 재정립해야만 한다. 치료에 대한 고정관념에서 탈피하고, 증세의 근본 원인이 무엇인지를 찾고, 평생 지속시킬 수 있는 새로운 생활환경을 스스로 조성하자는 것이다.

2) 영양, 항산화, 안티에이징의 도미노 효과

영양분과 건강의 도미노 효과

영양소는 어느 하나만 충분하면 되는 것이 아니라 서로서로 영향을 주고받으며 우리 몸의 균형을 만든다. 마치 도미노 게임의 도미노 조각처럼 어느 하나가 없거나 무너지면 줄줄이 영향을 받아 영양 균형이 깨진다.

모든 영양소가 골고루 어우러져야 노화를 촉진하지 않고 건강한 삶을 살 수 있다. 음식을 통해 몸속으로 들어간 영양분은 위장에서 소화 및 흡수되고 간장에서 해독을 거친 뒤 인체의 최소 단위인 세포로 배달된다.

이렇게 해서 세포로 배달된 영양분들은 인체를 유지시키는 에너지원으로 작용하고, 내부 조직을 유지할 수 있게 하고, 호르몬과 신경전달물질, 면역체 등을 만들어 인체가 생명을 계속해서 유지할 수 있도록 만들어준다.

그러므로 어떤 음식물에서 어떤 영양분을 섭취하는지가 중요한데, 오늘날에는 잘못된 식생활과 생활습관 때문에 영양 불균형이 심각해졌다. 그 결과 인체의 기능이 저하되거나 교란된 경우가 많다.

노화는 지금 이 순간의 행동에 달렸다

이로 인해 건강의 균형이 깨져 삶의 질이 저하되는데 이것이 현대인에게 만연된 현상이자 전 국민적인 현상이라는 것은 심각한 문제다. 어찌 보면 인체의 본성과 맞지 않는 식습관과 오염된 환경이 총체적으로 질병과 노화를 유발하고 있다고 할 수 있다.

인체의 노화는 꼭 얼굴에 주름살이 많아지고 성인병이 발병해야만 본격화되는 것은 아니다. 이미 성인기를 맞이하며 모든 인간은 천천히 노화되고 있다고 해도 과언이 아니다. 이 과정이 매우 천천히 일어나고, 눈으로 보일 수 있는 피부나 겉으로부터가 아니라 눈에 보이지 않는 세포부터 노화가 일어난다.

때문에 어떻게 보면 노화의 증상이란 가시적으로 뚜렷하게 드러나지 않는 것일 수도 있고, 이미 노화가 비정상적으로 가속화되고 있어도 정작 자기 자신은 알아차리지 못하는 경우가 대부분이다. 더구나 노화는 중년이 지나서야 시작되는 것이 아니라 젊은 나이부터 시작된다.

노화방지 건강습관, 지금 당장 시작하라

그렇기 때문에 뒤늦게 영양제를 챙겨 먹는다고 해서 노화가 하루아침에 늦춰지는 것은 아니다. 몸에 좋다는 음식을 섭취한다고 해도 그것이 장기간 효과를 발휘하는 것이지 며칠 만에 마법 같은 효과를 내는 것은 아니다.

따라서 안티에이징의 해법은 단기간에 무엇을 먹거나 어떤 시술을 하느냐에 있지 않다. 평생에 걸쳐 평소 반복하는 습관과 생활, 평소 먹는 음식들 속에 노화를 앞당기는 요인이 있을 수도 있고, 노화를 늦추는 명약이 있을 수도 있다. 그러므로 안티에이징을 위한 식습관과 생활습관을 미리 미리 만들고 몸에 익숙해지도록 해야 한다.

오염된 환경을 아주 피할 수는 없다 할지라도 가급적 피할 수 있도록 하고, 항산화성분이 든 좋은 천연음식을 적절하게 먹고, 때로는 질 좋은 적당한 식품보조제를 활용하고, 규칙적으로 운동하고, 심신의 스트레스를 가급적 줄이는 것이 안티에이징 건강법의 기본이다.

3) 항노화 안티에이징 영양분은 무엇?

어떤 성분이 안티에이징에 좋은가?

안티에이징에 효과적인 식습관을 평소에 정착시키려면 어떤 영양분이 든 음식이 좋은지를 잘 알아두어야 한다. 이를 위해서는 과연 항산화성분이라는 게 어떤 종류가 있으며 각 영양성분들이 어떤 역할을 하는지를 기본적으로 숙지할 필요가 있다.

아래와 같은 성분이 든 식품들을 평소에 충분히 섭취하여, 항산화성분들이 꾸준히 우리 몸에 축적되고 저장될 수 있도록 식습관을 바꿔야 한다.

〈대표적인 항산화 항노화 안티에이징 영양성분〉

비타민C :

키위, 딸기, 포도, 오렌지를 비롯한 거의 모든 과일, 브로콜리, 꽃양배추, 아세로라 등에 들어 있다.

가장 대표적인 항산화 물질로, 염증을 치유시켜 상처 치료 및 조직 재생을 돕는 역할을 한다. 철분을 이용할 수 있게 돕고, 비타민E의 효과를 향상시킨다.

각종 암(위암, 식도암, 구강암, 췌장암 등)의 위험을 감소시킨다. 백내장 발병률을 낮추고, 면역력을 강화시킨다.

또한 몸에 나쁜 총 콜레스테롤을 낮추는 반면, 몸에 좋은 HDL콜레스테롤을 높여준다.

비타민E, (토코페롤) :

아몬드, 견과류, 맥아, 달걀노른자, 해바라기씨유 등에 많이 들어있다.

강력한 항산화물질로, 혈구를 만드는 데 중요한 하고 항응고제 역할을 한다. 비타민K의 흡수와 활성화를 돕고 항암 작용을 한다.

면역력을 높이고 심장병을 예방하며 백내장을 예방한다.

비타민A :

우유, 달걀, 생선 등에 많으며 피부건강, 치아건강, 뼈 건
강에 필수적이다. 시력 저하를 예방하며, 세포 조직의 재생
과 성장을 돕는다. 강력한 항산화작용을 하며 특히 항암효
과를 발휘하고 감염에 대한 저항력을 높인다.

셀레늄 :

각종 해조류, 곡물, 간 등에 함유되어 있다. 효소, 글루타
티온, 과산화물의 구조적 요소로서 비타민 C, E 및 베타카
로틴과 함께 세포막의 과산화를 방지해 주는 세포내 항산
화 글루타티온을 보호한다. 각종 암, 특히 위암과 식도암의
위험을 예방하는 데 중요하다.

코엔자임 큐텐 :

지방이 제거된 살코기, 생선, 견과류에 많이 들어 있다.
대표적인 항산화물질이며 다양한 심장질환을 예방하고 혈
액순환을 도와 노화를 방치한다.

또한 체내 비타민E의 생성과 재생을 돕는다.

베타카로틴 :

브로콜리를 비롯해 주로 녹색 채소와 과일, 당근, 토마토, 고구마, 시금치, 망고 등에 함유되어 있다. 대표적인 강력한 항산화물질이며 인체에서 필요한 만큼 비타민A로 전환되는 성질이 있다.

특히 심장병, 백내장, 암 발병을 예방하고 줄여준다.

이거 알아요?

안티에이징의 3단계

1단계〉 암과 심혈관 질환 관리

우리는 이미 한 10년 정도는 더 활기차게 살아갈 수 있는 신뢰할만한 방법들을 가지고 있는데, 그것이 바로 암과 심혈관 질환의 올바른 관리이다. 주요 사망 원인이 되는 이들을 안 생기게 하거나 조기 발견되도록 잘 관리하니 당연히 안티에이징이 되는 것이다.

지금 바로 병원으로 달려가서 암이나 심혈관 질환들의 위험 요소들이 있는지 검사를 받고, 만일 있다면 그것들을 없앨 수 있는 수십 년간 재차 검증되고 인정된 방법들에 대한 주치의의 지시를 잘 이행하면 된다.

만일 없다면 앞으로도 생기지 않도록 하는 방법들을 생활 속에서 실천하면 된다. 인간의 수명을 위협하는 수많은 질환들은 갑자기 진단되는 경우가 많지만, 결코 하룻밤 사이에 생기는 것이 아니고 오랜 세월동안의 나쁜 습관이 축적되어 생기는 것이기 때문이다.

주요 사망 질환들이 안 생기도록 하는 신뢰할만한 좋은 방법들 중 첫째가 좋은 음식 섭취이다. 여기에는 정제되지 않은 곡류와 같은 좋은 탄수화물, 생선 및 해산물, 기름기 적은 육류나 콩 단백질 같은 좋은 단백질, 식물성의 좋은 기름, 신선한 과일과 야채들을 매일 균형 있게 먹는 것이다. 여기에 저칼로리 식단으로 포만감의 80%정도만 되도록 먹는 식습관만 가지면 더욱 금상첨화이다.

두 번째, 적어도 이틀에 한번은 약간 숨이 차게 하는 30분 정도의 유산소 운동과 스트레칭, 근력 운동을 30분 정도 하는 운동 습관을 갖는 것이다.

세 번째, 가장 중요한 스트레스 관리인데, 지속적인 스트레스의 종착역은 신체 장기의 고장과 질병이기 때문이다. 스트레스 관리법 중에서 우리를 건강하고 젊게 해줄 수 있는 것으로 증명된 방법은 '자주 즐겁게 웃고 놀기, 때때로 편하게 휴식하고 기분 전환 하기, 긍정적, 낙천적 마음 자세 갖기, 사랑하고 용서하는 마음' 이다.

2단계〉 최적의 신체 기능과 구조 관리

수명이 오래가고 좋은 건물이 되기 위한 가장 중요한 2가지 요소는 최적의 기능과 올바른 구조를 갖추고 있는 것이고, 한 가지 더 추가한다면 보기 좋은 외관일 것이다.

사람의 몸도 다르지 않다. 우선 '나의 몸이 최적의 기능인가' 를 알고 싶을 때 첫 번째 평가되어야 할 장기는 통제 센터인 뇌기능이며, 이는 뇌파 분석을 통해 가능하다. 뇌파 분석을 하면 기억력, 판단력, 집중력, 정서 안정 회복력, 좌뇌와 우뇌의 균형 상태를 알 수 있으며, 그 결과에 따라 '뉴로피드백' 이라는 뇌파 훈련을 통해 안정적인 뇌기능을 회복할 수 있다.

두 번째는 세포의 기능이다.

통제 센터인 뇌가 최적 상태라 할지라도 명령을 수행하는 세포가 건강치 않으면 노화가 빠르게 진행된다. 세포의 건강 상태는 세포막 지질의 산화 상태, 세포 속 DNA의 손상 상태, 미토콘드리아의 기능, 유전자 분석을 통해 예측할 수 있다.

혈액검사를 이용한 세포의 손상 정도가 어느 정도 파악되면, 이를 복구해주는 각종 비타민, 미네랄, 항산화 물질을 음식이나 건강 보조제, 정맥 주사를 통해 1~3달간 공급해줌으로써 어느 정도 회복이 가능해진다.

이렇게 손상된 세포 기능이 회복되더라도 이를 유지하려면 세포 손상 물질이 몸 안으로 계속 들어오지 못하도록 해야 하며, 대표적인 통로가 바로 장이다.

우리가 먹은 음식에 들어 있는 해로운 물질은 장점막이 손상될 때 가장 많이 들어오게 되므로, 장점막기능 상태를 혈액을 통해 검사해야 한다.

또한 중금속을 비롯한 각종 독소 물질이 몸 안에 얼마나 축적되어 있는가를 판단하기 위해 모발 검사를 병행한다. 이런 검사를 통해 장점막을 회생시키는 초유를 비롯한 유산균

제를 복용토록 하고, 축적된 중금속은 중금속 제거 기능을 가진 약물치료를 통해 어느 정도 해독시킬 수가 있다.

이들 검사 외에 혈액이나 타액을 통한 호르몬 검사, 면역 세포 기능 검사를 하여 각각 결과에 따라 호르몬 보충, 면역 증강 요법을 병용할 수 있다.

다음은 구조적 문제의 진단과 치료이다.

한쪽으로만 씹는 오랜 습관으로 생긴 턱 관절 구조의 불균형이나 나쁜 자세의 축적으로 생기는 두개골과 경추 연결 부위의 미세한 비뚤어짐은 만성 피로 같이 알 수 없는 많은 증상의 원인이 되기도 하고 똑바르게 버티는 골반 구조나 올바른 커브가 아닌 척추는 심장이나 폐, 소화기, 내분비-생식기의 최적 기능을 방해하는 원인이며, 균형적이고 대칭적이지 않은 발 구조가 있으면 무릎의 이상이나 척추의 이상으로 이어지게 된다. 이를 X-ray나 초음파, 체형-보행 분석을 통해 진단하고, 수기 요법, 자세 교정, 운동 요법, 침술이나 주사 요법을 통해 바로잡으면, 거센 비바람에도 끄떡없는 튼튼한 안티에이징 구조가 된다.

3단계〉 외적 관리

올바른 외형 관리를 위해서는 우선 건강한 피부 세포가 재생될 수 있는 신체 기능의 회복, 똑바르고 대칭적인 신체 구조 회복이 선행되어야 한다.

외적 노화를 최소화하는 가장 중요한 생활 습관은 과다한 자외선 노출 금지, 흡연과 과음의 절제, 수면이다. 추가로 주름, 기미, 잡티, 처진 살, 미백, 부분 비만, 탈모를 위한 시술 등의 의학적 도움을 받으면 된다.

신선하고 좋은 음식과 꾸준한 운동, 긍정적 사고, 현대 의학이 이룩해 놓은 과학적인 연구 성과를 이용한 심혈관 및 암 관리와 함께 올바른 신체 기능과 구조의 회복, 외형 관리가 추가되면 현재로서는 이보다 더 이상적인 안티에이징은 존재하지 않는다.

(출처 : 안티에이징의 3단계 / 차병원 건강칼럼)

4장 안티에이징을 돕는 건강한 영양소

1) 노니

요즘 큰 인기를 끌고 있는 대표적인 항산화 및 안티에이징 식품인 노니는 과연 무엇일까?

> 노니는 괌, 하와이, 피지 등 주로 남태평양 지역에서 서식하는 열대식물로, 감자 모양의 흰 열매를 맺는다. 열매는 식품 및 약용으로 많이 이용되고 있는데 주스, 분말, 차 등으로 가공하여 섭취한다. '인도뽕나무(Indian mulberry)', '치즈과일(cheese fruit)'로도 불린다.
>
> 《동의보감》에는 '해파극(海巴戟)' 또는 '파극천(巴戟天)'으로 소개되어 있다. 하얗고 작은 꽃을 피우며, 10~18cm 정도의 울퉁불퉁한 감자 모양의 열매를 맺는다. 열매는 커가면서 초록색에서 하얀색으로 변하는데, 그 냄새는 역한 편이며

맛이 쓰다. 열매 안에는 갈색의 씨앗이 여러 개 들어 있다. 열매의 경우 날것으로 먹기보다는 주스, 분말, 차 등으로 가공하여 섭취한다. 예로부터 중국, 하와이, 타히티를 비롯한 여러 지역에서 노니의 열매 · 잎사귀 · 뿌리 · 줄기 · 씨 등을 약재로 사용해 왔으며, 인도네시아와 하와이에서는 전통 염색에 노니의 껍질과 뿌리를 사용한다.

(출처: 시사상식사전 / 박문각)

이처럼 노니는 더운 지방, 그중에서도 남태평양 화산지대에서 나는 식물의 열매를 말한다. 오래 전부터 열매를 비롯해 잎과 줄기와 씨까지도 민간요법에서 약재로 썼으며, 남태평양 지방에서 고대부터 천연치료제로 써왔던 식물이다. 실제로 소화를 돕고 염증과 통증을 줄이며 고혈압과 암에 효과가 있는 건강과일이다.

미국 대통령부터 할리우드 스타들이 애용

노니는 인기 할리우드 스타 미란다 커가 어렸을 때부터

먹었다고 해서 화제가 된 과일이기도 하다. 그녀는 조부모님의 영향으로 어렸을 때부터 노니를 갈아 주스로 마시곤 했는데, 모델이 된 후에도 피부가 안 좋아질 때마다 노니 주스를 만들어 먹었다고 한다.

또 미국 대통령들의 의학 보좌관이었던 닐 솔로몬 박사는 다음과 같이 말했다고 한다. "노니는 신체의 보다 발전된 균형을 유지시켜 줍니다. 만약 혈압이나 혈당이 높다면 노니는 이를 낮춰주고 혈압이나 혈당이 지나치게 낮다면 이를 적절히 높여 줍니다.

노니는 수많은 병들에 대항하는 합성물질로 구성되어 있음이 입증되었습니다. 이 열대성 식물은 수많은 병원체들과 대항할 수 있는 믿을 만한 보고입니다. 노니는 암으로부터 관절염에 이르기까지, 고혈압에서 체중조절에 이르기까지 다양한 치료효과가 있기 때문에 더욱 더 많은 연구가 이루어져야 합니다."

노니 주성분인 제로닌의 생명력

이처럼 노니는 각종 난치성 질병과 피부미용에도 좋은 것으로 알려져 있다. 노니는 화산지역에 주로 서식하는 만큼 풍부한 미네랄, 비타민, 단백질 등 6대 영양소 외에 165종의 각종 영양소가 포함되어 있을 뿐 아니라, 특히 노니의 주성분인 제로닌 성분은 세포 생성과 항염에 큰 도움을 준다. 노니의 제로닌 성분은 피부 재생을 돕고, 프로액로닌 성분은 세포 재생을 도우며 염증과 통증을 빨리 낫게 하여 고대에는 천연 아스피린으로 사용되기도 하였다.

노니는 암 고혈압 염증 통증 면역질환 심장병 등 다양한 병리학적 조건들에 적용하는 것이 가능하다. 이는 곧 노니가 인체 생명 활동과 아주 긴밀한 연관을 가지며 인체 전체에 활력과 함께 건강을 증진시키는 물질임을 보여준다.

제로닌을 제일 먼저 발견한 사람은 하와이의 생화학 박사인 랄프 하이니케이다. 그는 하와이 대학에 교수로 일하던 시절 파인애플 속에 인체 건강에 도움이 되는 브로멜라인 성분을 연구하던 과정에서 노니 열매에서 브로멜라인보다 훨씬 더 강력한 물질을 발견하게 되었는데 이것이 바로 제로닌이다. 이를 연구하던 박사는 이 물질이 획기적인 세포 활성화 작용을 한다는 것을 발견하고 제로닌이라는 명칭을 붙였다.

병든 세포를 되살리는 작용

제로닌은 병든 세포를 되살려주는 물질이다. 인체 세포는 세포막과 단백질, 핵으로 구성되어 있는데, 이 세포들 속 단백질 안에는 제로닌 수용체가 존재해 항상 제로닌을 받아들일 준비를 하고 있다. 이때 제로닌은 세포 영양분 흡수율을 높여, 세포를 건강하게 하고 세포의 기능을 정상적으로 돌려 기력을 충전시키는 역할을 한다.

우리 몸의 노화와 스트레스로 인해 제로닌이 쉽게 소모되고, 세포는 제로닌을 충분히 받아들이지 못해 병들게 된다. 이때 외부에서 제로닌을 보충해주면 부족한 제로닌을 충전한 세포가 다시 활발하게 살아난다. 즉 스트레스와 잘 못된 식습관과 생활습관으로 소모된 제로닌을 보충해주는 것만으로 세포 건강을 되찾을 수 있다. 모든 질병은 결국 세포로 인한 질병과 관련이 있다는 점에서 이것이 질병 치료와 관련이 있다. 제로닌이 풍부한 노니는 당뇨 신장병 암 관절염 등의 염증에 광범위하게 작용한다. 이 역시 병든 세포를 부활시킴으로써 질병 개선 효과를 보이는 것으로 볼 수 있다. 하이니케 박사는 지금까지 알려진 지구상의 모든 식물들 중 노니에 제로닌 성분이 가장 많이 함유되어 있다는 연구 결과를 발표했는데, 노니에 포함된 제로닌은 파인애플의 약 40배에 달한다고 한다.

노니가 인체에 미치는 약리작용

과학적으로 입증된 노니의 효과는 다음과 같다.

● 유해 활성산소의 제거

활성산소는 인체에 질병을 발생시키는 원인의 90%라고

지목될 만큼 우리의 건강을 위협하는 물질로서 생체 조직을 공격하고 세포를 손상시키는 산화력이 강한 산소를 뜻한다. 이 활성산소는 환경오염과 화학물질, 자외선, 혈액순환장애, 스트레스 등으로 산소가 과잉 생산되어 발생하는 것으로 체내 산화작용을 일으켜 세포막, DNA 등의 세포 구조를 망가뜨리고 핵산 염기의 변형과 유리, 결합의 절단, 당의 산화분해 등을 일으켜 돌연변이나 암의 원인, 각종 질병과 노화의 원인이 된다.

이때 노니의 이리도이드는 활성산소를 제거하고 세포를 재생시킴으로써 비정상 세포의 생성을 막고 과도한 활성산소가 가져오는 인체 산성화를 방지해 급속한 노화를 막아준다.

● 콜레스테롤 조절

콜레스테롤은 인체의 생명활동에 꼭 필요한 지질이지만, 과잉 섭취 시 혈관을 막고 인체 산화와 비만 등을 일으키는 물질이다.

콜레스테롤 과잉은 식습관과 운동습관 등 생활습관을 올바로 유지하면 방지할 수 있지만, 인체 대사활동이 원활하지 않을 경우 제대로 연소되지 않아 몸에 쌓이게 된다. 이리도이드 성분은 인체 균형을 유지해주는 정상화 기능을 통해 인체 대사활동을 활발히 만들어 불필요한 콜레스테롤의 연소와 배출을 돕는다.

● **활력 증진**

스태미너는 짧은 시간의 노력으로 갑자기 증진하는 것이 아니라, 꾸준한 건강관리로 얻어지는 결과이다. 스태미너는 환경오염, 식습관, 정신적 압박감 등 다양한 외적 스트레스로 인해 취약해지는데, 이때 이리도이드는 외부의 스트레스에 대항하는 인체 면역 기능을 강화해 외부 공격에 취약한 인체를 보호해 스태미너를 높여준다.

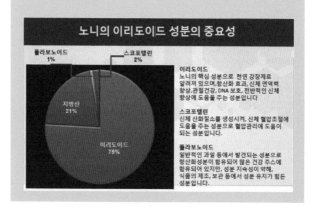

노니의 이리도이드 성분의 중요성

플라보노이드 1%
스코폴레린 2%
지방산 21%
이리도이드 75%

이리도이드
노니의 핵심 성분으로 천연 강장제로 알려져 있으며, 항산화 효과, 신체 면역력 향상, 관절건강, DNA 보호, 전반적인 신체 향상에 도움을 주는 성분입니다

스코폴레린
신체 산화질소를 생성시켜, 신체 혈압조절에 도움을 주는 성분으로 혈압관리에 도움이 되는 성분입니다.

플라보노이드
일반적인 과일 등에서 발견되는 성분으로 항산화성분이 함유되어 많은 건강 주스에 함유되어 있지만, 성분 지속성이 약해, 식품의 제조, 보관 등에서 성분 유지가 힘든 성분입니다.

● 심장 건강 향상

심장 건강은 혈관의 건강과 직결되어 있다. 혈관을 망가뜨리는 것은 고지방 식사로 인한 콜레스테롤의 증가로 인한 혈관 벽의 플라그 생성, 흡연과 운동 부족으로 인한 체내 활성산소의 증가 등이 있다. 이리도이드는 콜레스테롤을 낮춰주고 활성산소를 제거해 심장과 심장혈관의 건강을 돕는다.

● 면역 체계 향상

이리도이드의 아답토젠 효과는 면역력의 증진에 있다. 면역력이란 인체의 균형을 맞추는 저울과 같이 몸의 평형을 유지해 질병이 침투할 수 없도록 막는 방어 능력을 뜻한다. 이리도이드는 만일 혈압이 높다면 혈압을 낮추고, 혈당이 높으면 혈당을 낮추는 등 광범위하게 인체의 깨진 균형이 부작용 없이 회복하도록 도움으로써 다양한 질병 발생을 방지한다.

● 항염 효과

이리도이드와 같은 식물 화학물질은 외부적 위협에 대비하는 강력한 물질로서 항염 기능을 기본적으로 갖추고 있다. 외부에서 침입하는 바이러스나 질병 등을 막아내고 손상 부위를 재빨리 재생시킴으로써 관절이나 장기의 염증 등에 신속하게 대처한다.

● 세포 돌연변이 방지

이리도이드의 세포 재생 능력은 가장 잘 알려진 기능 중 하나일 것이다. 기본적으로 인체 질병의 상당수가 세포의 변형이나 돌연변이로 발생한다. 대표적인 질병이 바로 암이다. 암은 인체 면역 기능의 저하로 임계점을 넘어선 비정상 세포가 돌연변이를 일으켜 발생하는 질병으로서, 세포 정상화 기능이 있는 이리도이드의 섭취로 큰 개선 효과를 볼 수 있음이 임상적으로도 증명되었다.

● 두뇌 활동 증진

인간의 두뇌는 셀 수 없이 많은 뇌세포로 이루어져 있다. 뇌 세포는 청장년기에 가장 활발하게 움직이다가 인체의 노화에 따라 서서히 그 수가 감소하게 된다. 뇌세포의 파괴는 지적인 활동 등 인체 활동에 상당한 영향을 미치는데, 비단 노화 외에 지나친 활성산소의 증가와 스트레스, 음주와 흡연 등으로 파괴가 진행된다. 이리도이드는 활성산소의 억제와 세포 재생에 탁월한 효과를 가짐으로써 집중력과 학습능력의 강화에도 도움을 준다.

언론이 보도하는 노니

노니는 하와이나, 사모아 ,뉴질랜드, 인도, 베트남 등지에서 주로 서식하는 과일로 울퉁불퉁한 초록색이 특징이다. 노니의 또 다른 효능은 없는지 알아보자.

노니의 효능

노니를 처음 볼 때는 초록색이었다가 시간이 점차 흐르면서 하얀색으로 변한다. 마치 숙성된 치즈와 같은 고약한 냄새가 나지만 건강에 도움을 주는 효능이 많다. 노니에 들어있는 이리노이드 성분은 식물이 병충해로부터 보호할 수 있는 물질로 자외선이나 스트레스, 환경오염으로 자극 받은 피부 세포를 재생하는 데 효과적이다. 이 때문에 노니를 섭취하는 것뿐만 아니라 원액이나 가루를 풀어 얼굴 팩으로 활용하거나 비누를 만들어 피부에 직접 바르는 것도 좋은 방법이다. 노니에는 스코폴레틴이라 불리는 항염 성분이 함유돼 혈관 염증을 완화시켜주는 효능으로 염증에 좋은 음식 혹은 천연 진통제로 알려졌다. 꾸준히 노니주스나 차를 섭취하면 항암효과까지 볼 수 있다.

(메디컬리포트, 2018.04.20.)

2) 고지베리(구기자)

불로장수의 전설의 열매

진시황이 즐겨 먹었다는 불로장수의 열매이자 중국 전설에도 나오는 열매, 바로 구기자이다. 구기자를 서양에서 부르는 이름이 바로 요즘 많이 일컫는 '고지베리'이다. 생소한 이름 같지만 알고 보면 우리나라 사람들에게 익숙한 안티에이징 열매이다. 구기자에 관해서는 다음과 같은 유명한 전설이 있다.

옛날 중국의 강서에서 한 사자가 길을 가던 중 나이 16세가량 된 젊은 여인이 80노객의 종아리를 걷어 올리고 회초

리로 매질하는 것을 보았다. 하도 기이한 생각이 들어 길을 가던 사자는 이 여인을 붙들고 연유를 물었다.

여인이 대답하여 가로되 "이놈은 내 셋째 아들이오. 그런데 약을 먹기 싫어해 이같이 때리는 것이요"라고 말했다.

더욱 기이한 생각이 든 사자는 "대체 당신은 몇 살인데 이 노인더러 셋째 아들이라 이르오?" 하고 물었다.

여인의 대답인즉 "금년 내 나이 395세요"라고 대답했다.

"정말 당신의 나이가 395세라면 그처럼 늙지 않은 비결이 있을 터인데 그 비결을 말해주시오"라고 간청했다.

여인의 대답은 너무나 쉬운 일이었다. 들에 자라는 구기자를 계속 먹은 일밖에 없다고 일러줬다. 사자는 집에 돌아가 그 여인이 일러 준대로 구기자를 매일 먹었다.

인삼에 비견되는 전통 명약

우리나라를 비롯해 아시아 전역에 분포하는 구기자는 예로부터 영지버섯과 함께 십장생에 나오는 불로초로 추정되는 식물에 속한다.

지금으로부터 약 1800년 전 중국 후한시대에 저술된 '신농본초경'이라는 고대 의학서에서는 인간에 쓰는 약의 종류를 1년의 날수와 같은 365종으로 정하고 그 중 120종으로 상약, 다시 120종을 중약, 나머지 120종을 하약으로 구분하고 있다. 그 중 상약은 인간의 생명을 기르는 약이라 이름하고 경신내조 하는 데 쓰이는데 독이 없으므로 오래 먹을수록 좋다고 설명하고 있다.

이 책에서 구기자와 인삼을 상약, 즉 귀하고 효능 있는 약재로 꼽고 있다. '본초경'에서는 오랫동안 복용하면 근골을 단단하게 하며 몸이 가벼워져서 늙지 않고 더위와 추위를 타지 않는다고 소개되어있다.

우리나라의 '동의보감'에도 오래 복용하면 늙지 않고 추위와 더위를 이기며 장수한다고 되어 있으며 '잎이나 줄기 삶은 물에 목욕하면 피부병이 없어지고 피부가 고와진다'는 대목도 있다. 또한 예로부터 간염, 간 경변, 진통 완화에 쓰였다. 뿌리의 껍질은 지골피(地骨皮)라 하여 한방에서 소갈, 오한 등의 해열제로 이용된다.

(출처: 문화원형백과, 식품과학기술대사전)

서양의학계에서 21세기부터 주목

그렇다면 고지베리, 즉 구기자는 어떤 성분이 있으며 어떤 효능이 있을까?

구기자에는 베타인, 제아크산틴, 카로틴, 티아민, 비타민 A, B1, B2, C 등이 함유되어 있다. 즉 강력한 항산화성분이 들어있음을 알 수 있으며, 안티에이징에 탁월한 효능을 나타냄을 알 수 있다. 현대에 이르러서는 서양의학계에서 구기자의 효능을 더 과학적으로 밝혀 21세기 초부터 건강식품의 원료로 큰 인기를 끌기 시작했다.

특히 비타민C가 오렌지의 500배가 넘고, 항산화작용, 피부건강에 탁월한 베타카로틴이 당근보다 많고, 빈혈, 갑상선, 뇌신경에 좋은 철분도 풍부히 함유되어 있어 노화방지에 탁월하다. 또한 신진대사를 활성화시켜 면역력을 높이고, 항염증, 항노화 효과를 나타내는 탁월한 슈퍼푸드로 주목받고 있다.

 고지베리(구기자)가 인체에 미치는 약리작용

● **고지베리 주성분**

고지베리의 성분에는 베타인(betaine), 제아잔틴(zeazanthin), 카로틴(carotene), 티아민(thiamine), 비타민 A · B1 · B2 · C 등이 다양하게 함유되어 있다. 그 중에서 고지베리의 대표적인 성분에 속하는 베타인 성분은 생체 내 대사물질의 하나인데 간장에서 지방의 축적을 억제하고 간세포의 신생을 촉진하며, 혈압을 내려주는 작용을 한다는 점에서 강력한 항산화, 항노화 성분이라 할 수 있다.

● **만성 염증질환 개선과 예방**

구기자의 주된 효능은 만성 간염, 간경변증 등의 주된 원인인 염증을 제거한다는 점이다.

즉 만성적 난치성 염증을 줄이고 장기의 원래의 기능을 활성화시키고 면역력을 높여준다.

● 에너지 활성화와 회춘

또한 생식기능을 활성화시켜 정력증강과 에너지 증진에 효과적이어서 청춘을 되돌려주는 효능이 있다. 구기자를 장복하면 활력수준이 높아지고, 아침에 일어났을 때 몸이 가뿐해지는 느낌을 받고, 팔다리의 힘이 생긴다.

● 강력한 항산화, 항노화 작용

구기자는 세포 노화를 억제하는 효과가 뛰어나다. 구기자에 함유된 비타민C 는 오렌지에 비해 무려 500배가 넘는 것으로 알려졌다. 또한 항산화작용을 하고 피부 건강에 탁월한 베타카로틴이 당근보다 훨씬 많이 함유되어 있다. 철분이 풍부하게 함유되어 있어, 빈혈질환, 갑상선 관련 질병, 뇌신경 건강에 매우 탁월하여 궁극적으로 노화 방지에 효과가 있다.

● 안질환 개선과 노안 예방

구기자의 뛰어난 항염증, 항산화 작용은 각종 안과질환과 노안 예방에 실제적으로 효과가 있다. 구기자를 차의 형태로 꾸준히 장복하면 시력감퇴 속도를 줄이고 눈을 맑게 해주며 안과질환을 개선시켜주고, 노년기 백내장 초기증상의 진행을 늦추고 막아준다.

3) 아사이베리

브라질 야생에서 얻은 생명의 열매

몇 년 전부터 우리나라에서도 건강기능식품 원료로 각광받고 있는 아사이베리는 브라질 아마존 열대 우림지역에서 자생하는 열매이다. 브라질 원주민들이 '생명의 나무 열매'라고 부를 정도로 유명한 열매로, 예로부터 다양한 질병을 치료하는 데 민간요법으로 사용한 열매이다.

수백 년 동안 브라질 원주민들이 홍수 범람을 겪을 때 배고픔을 달래고 생명을 유지시켜 주었던 에너지원이었다. 미국〈기능식품 뉴트라슈티컬(Neutraceutical)〉에서는 "아사이베리는 항산화 물질의 일종인 안토시아닌이 적포도주에 비해 33배나 많은 함유되어 있는 것은 물론 항산화 활성이 블루베리에 비해 7.7배 이상까지 높은 것으로 알려지고 있다"고 전했다. 미국의 유명한 방송 '오프라 윈프리 쇼'에 출연한 니콜라스 페리컨 박사는 "아사이베리는 완벽한 영양을 갖춘 전 세계 슈퍼 푸드 가운데 가장 영양이 풍부한 식품 중 하나이다"라고 이야기한 바 있다.

다양하고 풍부한 항노화 기능

'젊음의 열매'라고도 불리는 아사이베리는 대표적인 항산화, 항노화 열매로 꼽힌다. 영양성분으로 보면 우유보다 비타민 B1이 9배, 비타민C 가 8배 함유되어 있다. 무엇보다 풍부한 항산화성분과 영양분이 많이 포함되어 있는데, 여기에는 폴리페놀, 안토시아닌, 파이토스테롤, 알파토코페롤, 무기질, 섬유질, 단백질, 글루코사민 등이 있다. 안토시아닌은 탁월한 항염증 성분이자 항산화 성분으로 심장질환과 뇌졸중을 예방한다. 비타민 A·C·E·K, 무기질, 아미노산, 오메가-3 지방산 등은 노화를 방지하는 대표적인 성분들이다. 60% 함량의 올레인산(오메가-9)은 단일 불포화 필수지방산으로 몸에 해로운 저밀도(LDL) 콜레스테롤 수치는 낮추고 몸에 이로운 고밀도(HDL) 콜레스테롤 수치를 유지해 준다.

폴리페놀 성분은 심혈관 기능을 개선하며, 바이러스 등에 대항하는 면역력을 높여 감기 예방 등에 효과적이다. 또한 풍부한 섬유질은 소화기 기능에 도움을 주고, 당뇨 환자에도 좋다. 또 아마존 원주민들은 천연 강장제라 하여 '아마존의 비아그라'라고도 불렸다.

 아사이베리가 인체에 미치는 약리작용

● **노화 방지**

인체의 노화는 피할 수 없는 현상이지만, 동시에 이 노화를 줄이면 생체나이가 30년 가까이 젊어질 수 있다. 노화는 자연스럽게 진행되는 자연 노화 외에 스트레스, 흡연, 음주,

불규칙한 식생활 등의 외부 원인이 발생시키는 활성산소와 유해독소 등이 원인이 되기도 한다. 아사이베리는 바로 이러한 노화작용을 억제하는 강력한 천연약제라 할 수 있다.

● 동맥경화 예방

아사이베리를 꾸준히 섭취하면 혈관 벽을 손상시키는 다양한 유독물질을 충분히 제거해주고 관상동맥혈관의 염증을 감소시키며, 시아닌과 폴리페놀 등이 혈액을 오염시키고 손상시키는 활성산도의 활동을 막아준다. 또한 폴리페놀이 손상된 DNA를 복구시키는 작업에 착수함으로써 동맥경화를 예방하고 개선시킨다.

● 암 예방, 항암작용

안토시안 성분이 풍부한 아사이베리는 암의 원인인 활성산소를 제거해 세포 변이를 방지함으로서 정상세포가 암세포로 변이되는 것을 막아주는 동시에 암세포의 신호전달분자로 작용해 스스로 자멸하도록 만든다.

나아가 면역세포의 활동을 원활히 만들어 그 생성과 활력을 촉진시키며, 백혈구와 산화를 방지하고 분열을 촉진해 장기간의 암 치료 기간 동안 세포 면역력이 저하되는 것을 막고 특히 부작용이 없다.

● 당뇨병 예방 및 치료

아사이베리에 함유된 시아닌과 폴리페놀은 활성산소를 신속히 제거해 췌장베타세포의 파괴를 막고 췌장세포의 신호전달물질로 작용해 손상된 세포의 복원을 도와준다. 또한 당뇨 합병증 유발 물질인 AGE를 감소시켜 합병증을 예방하며 인슐린 분비를 촉진시켜 혈당을 조절해준다.

● 간 질환 치료 및 개선

아사이베리의 과육에 포함된 시아닌과 폴리페놀은 간세포를 파괴하는 활성산소의 증가를 억제하고 제거하여 간 건강에 큰 도움이 되며, 음주 시 간 파괴의 원인이 되는 아세트알데히드를 신속하게 분해한다.

또한 파괴된 간세포를 복원하고 새로운 세포를 형성시켜 간 질환을 예방하고 개선한다.

● 비만 억제와 다이어트

비만의 원인은 과식인 경우가 많지만, 깊이 살펴보면 과식 또한 스트레스와 긴밀히 연관되어 있다. 과도한 스트레스를 받을 경우 우리 몸은 허기를 느끼게 되고, 먹는 것으로 휴식을 대신함으로써 자연스레 과식을 하게 된다. 이렇게 과식을 하게 되면 무리한 소화를 위해 체내에 다량의 활성산소가 발생하고 이 활성산소가 세포를 악성 지방세포로 변이시켜 장기화되면 고혈압, 당뇨 등의 다양한 질병을 발생시킨다. 중요한 것은 한번 만들어진 지방세포는 일반 세포보다 확장력이 빨라 급속도로 전이되는 만큼 신생 지방세포의 형성을 막아주는 것이 중요하다.

아사이베리의 주요 성분들이 활성산소를 제거하여 세포 단백질의 변이를 막아 악성지방세포의 생성을 막아주고, 세포의 신호전달물질로 작용해 지방세포의 자멸을 유도한다. 손상된 세포의 복원과 원활한 지방 대사를 도와 비만을 예방해준다.

4) 망고스틴

과일의 여왕으로 불리는 열대과일

열대과일로 맛과 향기가 뛰어난 망고스틴은 동남아시아 전역에서 재배된다.

작은 오렌지만한 둥근 열매는 알맹이가 마늘 모양으로 생긴 흰색 다육질 과육과 두꺼운 껍질로 이루어져 있으며 즙이 많고 향기로워 과일의 여왕으로 불리기도 한다.

동남아시아 지역에서 약용으로 오랜 세월 애용되었던 망고스틴은 18세기 이후 전 세계에 널리 알려졌으며 최근 우리나라에도 열대과일 수입량이 풍부해지면서도 대중적으로도 인기 있는 과일이 되었다.

망고스틴은 예로부터 중국과 동남아시아 지역에서 효험 있는 한방약으로도 널리 애용되었으며, 특히 염증과 소화에 효과가 있는 과일로 알려졌다. 껍질 달인 물을 설사약 대용으로 쓰기도 하였고, 분말을 반죽하여 피부질환에 사용하였으며, 뿌리 달인 물은 여성 질환 치료에 쓰이는 등 수많은 유효성분을 포함하고 있다. 특히 껍질에 크산톤이라는 성분을 함유하고 있는데 이 성분은 강력한 항산화 성분으로서 비타민C와 E보다 5배 정도 강력한 항산화효과가 있어, 노화를 방지하고 만성질병을 예방하는 효과가 있다.

크산톤의 작용

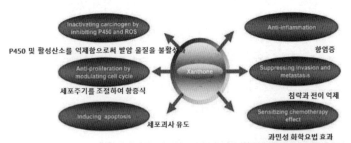

Ref. Shan, T. et al. Xanthones from Mangosteen Extracts as Natural Chemopreventive Agents: Potential Anticancer Drugs. Current Molecular Medicine. Volume 11, Number 8, November 2011. pp. 666-677(12)

강력한 항산화, 항노화 효과로 예로부터 약제로 쓰인 과일

알츠하이머나 파킨슨병처럼 중추신경조직이 퇴화되는

질병의 경우 특히 활성산소에 의한 두뇌신경 손상이 가장 주된 원인인 것으로 밝혀져 있기 때문에, 이러한 중추신경 및 뇌신경 관련 질병을 예방하기 위해서는 평소 항산화 효능이 있는 식품을 꾸준히 섭취하는 것이 중요하다.

이에 망고스틴은 강력한 항산화작용을 하는 과일로서 알츠하이머나 파킨슨병, 치매 등의 진행을 억제하는 효능을 나타낸다는 점에서 매우 효과적인 안티에이징 및 노화방지용 과일이라 할 수 있다.

암 발생의 주된 원인도 활성산소인데, 활성산소가 세포막을 파괴하여 세포핵의 유전자를 흩어지게 하고 발암유전자를 자극하기 때문이다. 때문에 활성산소 작용을 억제하는 항산화 식품을 섭취하는 것은 중·노년 건강의 핵심 관리방법이며, 강력한 항산화 작용을 하는 망고스틴은 탁월한 천연 암 예방 식품이라고도 할 수 있다.

실제로 망고스틴은 발암성 물질을 차단하고, 해독 작용을 하고, 악성종양의 성장을 억제하는 작용을 하는 것으로 밝혀졌다.

망고스틴이 인체에 미치는 약리작용

● 에너지 활성화

피로와 싸워 이기는 망고스틴은 예로부터 동남아시아 사람들이 일찍이 발견하여 음용하였다. "망고스틴은 자신이 예측할 수 있는 에너지를 견실하게 제공한다. 망고스틴의 음용자들은 에너지 증가와 몸의 웰빙에 대한 두드러진 증거가 있다고 논평한다."라는 연구결과가 나와 있다.

● 통증 감소 및 염증 치료 효과

망고스틴의 항염증 효능은 다른 열대과일의 활성물질보다도 염증 예방 효과가 크다. 많은 연구와 동물실험에서 망고스틴은 내장의 염증, 피부염, 류머티스성 관절염 등 감염 관련 질환에 의해 야기되는 염증을 예방하는 효과가 있는 것으로 나타난다.

● 크산톤의 주된 효능

우리 몸의 만성 염증은 유형 II 당뇨병, 암, 관절염, 알츠하이머 질환, 심장병 및 그 밖의 치명적인 질환에까지 도달할 수 있다. 망고스틴에 있는 크산톤은 자연적으로 세포질 수준에서 COX2 효소를 억제함으로서 염증을 치유한다.

● 다이어트 효과

망고스틴의 크산톤은 세포막을 부드럽게 하고 침투성을 높게 하여 먹는 음식을 빠르게 에너지로 바꿀 수 있게 한다.

● 심장병과 각종 난치성 질환 치료

심장병과 동맥 경화증은 심장 주위에 둘러싸여 있는 핏줄이 신축성을 잃었을 때 생긴다. 망고스틴은 항균성과 산화를 억제하는 효력으로 이 장기 체계를 도와준다.

망고스틴은 심혈관계에 유익하며, 골다공증, 고혈압, 동맥경화증, 관절염, 신장병, 백내장, 알츠하이머 등의 난치성 혹은 만성 질병 예방에 효과적이다. 그리고 알레르기와 위장질환, 열병, 통증 예방에도 효과적이다. 이 핏줄이 건재하고 강할 때, 심장병의 위험은 줄어든다.

5장 안티에이징 무엇이든 물어보세요

Q. 노화를 앞당기는 활성산소를 줄이기 위해서는 어떻게
해야 하나요?

　A. 활성산소를 줄이기 위해서는 각종 가공식품과 육식
을 가급적 줄이는 것이 관건입니다. 가공음식 혹은 동물성
기름에 튀기거나 태운 음식일수록 체내에 활성산소를 많이
축적되게 하여 노화를 촉진하는 주범이 됩니다. 그 대신 항
산화성분이 풍부한 채소와 과일, 슈퍼푸드 섭취를 늘려야
합니다.

　제철 과일과 채소에는 각종 비타민과 폴리페놀이 함유되
어 있는데 이는 활성산소를 줄이는 데 도움을 줍니다. 또한
폭식이나 과식습관도 몸속 활성산소를 늘려 세포를 노화시
키는 생활습관입니다. 조금 모자란 듯 소식하는 습관을 가
진 사람들이 장수하는 것은 잘 알려져 있습니다. 과음, 야

식 등의 식습관도 마찬가지입니다.

활성산소를 줄이는 생활습관으로 중년기, 노년기까지 꾸준히 규칙적인 운동을 하는 것도 중요합니다. 단, 운동을 할 때 갑자기 과도한 운동량으로 한꺼번에 하는 것은 오히려 활성산소를 증가시켜 세포를 급속하게 늙게 하니 주의해야 합니다.

> **Q.** 항산화성분이 있는 비타민과 미네랄을 섭취할 때 주의할 점이 있나요?

A. 비타민과 미네랄은 면역력 증진과 해독, 항산화 기능을 하기 때문에 세포 노화 속도를 줄이고 재생을 도와줍니다. 이러한 기능이 항노화 기능에 결정적인 역할을 합니다.

미네랄과 비타민은 채소, 과일, 통곡물에 주로 함유되어 있는데, 요즘에는 식품만으로는 충분한 양을 섭취하지 못할 것에 대비하여 건강기능식품의 형태로 섭취하는 경우가 일반적입니다.

그런데 건강기능식품으로 섭취할 때 주의할 점은 천연성

분으로 만들어진 제품인지를 확인해야 한다는 점입니다. 왜냐하면 천연성분이 아닌 합성성분으로 만든 제품의 경우, 소화와 대사 과정에서 인체의 필수요소들을 소모시키거나 해를 끼칠 수도 있고, 대사과정에서 오히려 독소를 유발하는 경우도 있습니다.

따라서 노화 방지를 위해 반드시 평소에 과일, 채소, 곡식 등 고른 영양성분을 천연식품의 형태로 섭취하고, 이에 보조적으로 섭취할 경우 원재료가 천연성분으로 만들어진 것인지를 반드시 확인해야 합니다.

Q. 유산균 섭취도 안티에이징에 도움이 되나요?

A. 유산균은 항노화를 위한 강력한 성분으로 꼽히므로 크게 도움이 됩니다.

특히 나이가 들수록 적정량의 유산균을 보조적으로 섭취하여 장 건강을 돕는 것이 안티에이징에 도움이 됩니다. 대장에는 유익균과 유해균이 일정한 비율을 유지해야 하는

데, 이 비율이 깨질 때 장내 독소가 생성되고 세포를 공격하여 노화를 몸속으로부터 촉진하기 때문입니다.

유해균 비율이 비정상적으로 높아지면 각종 만성질환이 발생하고 특히 치매와 암 발병에 결정적인 역할을 하여 중년기 이후의 삶의 질을 떨어뜨리는 결정적인 역할을 합니다.

요즘 한국인들이 육류 섭취량이 필요 이상으로 많아진 것은 장내 유해균을 늘려 노화를 앞당기는 원인이 됩니다. 따라서 육류를 줄이고 채소와 과일 섭취를 늘이고, 안티에이징을 돕는 천연식품 섭취와 함께 유산균 섭취를 보조적으로 반드시 하는 것이 노화방지와 건강에 큰 도움을 줍니다.

Q. 노화를 늦추려면 꼭 알아야 할 것은 무엇인가요?

A. 건강하게 오래 사는 삶이란 그저 단순히 현대의학의 화학적, 물리적 시술과 치료법에서만 비롯되는 것은 아닐

것입니다.

　서양의학의 한계를 극복하고 안티에이징을 향한 궁극의 열쇠를 찾기 위한 것이 바로 천연적인 식재료와 식품을 통한 치유방법입니다.

　요즘 각광받고 있는 항노화, 항산화 식품에 대한 관심은 무병장수에 대한 관심이자 새로운 안티에이징 건강 패러다임을 의미합니다. 안티에이징을 향한 건강한 삶은 단순히 음식만으로 해결되지 않습니다. 항산화기능을 하는 식품을 골고루 섭취하고, 잘못된 식습관을 바꾸고, 영양을 고려하고, 적절한 운동을 하고, 스트레스 관리에도 유의해야 합니다.

　이러한 점들은 노화방지의 기본 수칙과도 같습니다. 나이가 들수록 취약해지는 생활습관병과 만성질병, 암 같은 난치성 질병을 미리 예방하고 치유의 길로 가기 위해서는 결국 약과 수술에만 의존하는 데서 벗어나 식습관과 생활습관을 건강하게 바꾸는 데서 답을 찾아야 할 것입니다.

Q. 항산화 제품을 오래 섭취하려고 하는데 부작용은
없을까요?

A. 항산화 제품은 영양소의 손실 없이 가공해 만들뿐더
러 나아가 화학약제처럼 오래 섭취할시 부작용이 나타난다
거나 하지 않습니다. 자연의 순수함을 담은 식품으로 믿고
드셔도 안전합니다.

Q. 안티에이징 관련 건강식품 섭취 시 주의사항은
무엇인가요?

A. 최근 시중에는 수많은 항산화 및 안티에이징 관련 식
품이 판매되고 있습니다. 그런데 상업적으로 판매되는 항
산화 및 노화 방지 건강식품의 경우, 많은 경우 그 식품 속
에 인위적이고 다양한 화학 첨가물이 함유되어 있는 경우
가 많습니다. 화학적 첨가물이 많이 함유되어 있을수록 우
리 몸속 산화물질을 오히려 증가시켜 본래의 항산화 및 항
노화 작용을 저해하는 역효과를 나타냅니다.

따라서 항산화 건강제품을 선택할 때는 함유된 성분표를 제일 먼저 확인하여 천연이 아닌 첨가물이 많이 함유되어 있지 않은지 확인해야 합니다.

맛을 좋게 하기 위해 첨가한 인공감미료나 화학성분이 들어 있는 제품은 가급적 섭취하지 않는 것이 좋습니다. 무엇보다도 국가에서 공인된 정식 인증기관에서 검증 절차를 거친 식품인지도 반드시 확인할 필요가 있습니다. 왜냐하면 검증 절차를 거친 식품이어야 천연 그대로의 효능을 살릴 수 있기 때문입니다. 또한 천연제품을 선택하여 드실 때에는 분말보다는 액상으로 된 제품을 드시는 것이 천연제품 속 유익한 성분들의 인체 흡수율을 높여주므로, 주스 등 액상 유형의 건강식품을 선택하는 것이 좋습니다.

이때에도 액상 제품 안에 당도를 높이기 위한 인공감미료나 당분이 많이 들어있지 않은지를 확인하는 것이 좋으며, 가급적 천연 성분 함유량이 높은 식품을 선택해야 인체에 안전하고 효과적입니다.

건강과 장수의 비결은 안티에이징에 있다

건강하게 질 좋은 삶을 사는 것, 그리고 오래 살되 건강하게 오래 사는 것. 이는 현대인이 누구나 가지고 있는 꿈일 것이다. 그래서 요즘은 음식에 대한 관심과 건강에 대한 관심이 그 어느 때보다도 늘어났다.

그러나 백세시대라는 말이 익숙해지고 실제로 사람들의 평균수명이 급격하게 늘어난 오늘날에도 정말 건강한 노년을 누리고 건강한 상태에서 수명이 길어졌는지는 의문이다. 왜냐하면 영양의 과잉으로 물리적인 수명 자체는 늘어난 것이 사실이지만, 중년기 이후에 질 좋은 건강수명을 충분히 누리지 못하는 경우가 많기 때문이다.

이 책은 바로 요즘 현대인들이 가장 원하는 '오래, 그러나 건강하고 활력 있게' 사는 열쇠인 안티에이징에 대한 핵심 요소를 다루었다.

영양학에 대한 기본 상식을 새롭게 정비하고 노화를 방지하는 대표적인 안티에이징 슈퍼푸드에 대한 정보를 제공하기 위해 이 책을 썼다.

모쪼록 많은 독자들이 이 책을 통해 안티에이징 습관을 들이고 건강한 삶을 영위하기를 바란다.

참고도서 및 문헌자료

노화와 질병/레이 커즈와일 테리 그로스만/이미지박스
내 몸을 살리는 노니/정용준/모아북스
망고스틴의 자연기적/이석진 김종근 임동석/행정경영자료사
슈퍼이팅/이안 마버/예문당
컬러다이어트/데이빗 히버/푸른솔
닐 솔로몬 박사의 연구사례
26~28쪽 네이버 지식백과

건강이 보이는 건강 지혜를 한권의 책 속에서 찾아보자!

도서구입 및 문의 : 대표전화 0505-627-9784

↪내 몸을 살리는 시리즈는 계속 출간됩니다.

독자 여러분의 소중한 원고를 기다립니다

독자 여러분의 소중한 원고를 기다리고 있습니다.
집필을 끝냈거나 혹은 집필 중인 원고가 있으신 분은
moabooks@hanmail.net으로 원고의
간단한 기획의도와 개요, 연락처 등과 함께 보내주시면
최대한 빨리 검토 후 연락드리겠습니다.
머뭇거리지 마시고 언제라도
모아북스 편집부의 문을 두드리시면
반갑게 맞이하겠습니다.